AF310765

Un vif sentiment des besoins agricoles de la France, des améliorations que réclame l'état présent de sa culture, de l'humiliante infériorité dans laquelle elle se trouve, à ce point de vue, vis-à-vis de plusieurs autres pays ; la nécessité reconnue de mettre l'exploitation de notre sol à la hauteur des progrès réalisés dans les autres branches de l'activité nationale, de demander à l'accroissement des richesses naturelles de notre territoire cette prospérité véritable qu'on doit apprécier bien au delà de la prospérité trop souvent factice que crée l'excès des opérations de crédit : voilà ce qui a conduit M. Ligarde à la conception du projet de Société que nous nous sommes chargé de mettre en lumière et de présenter au public intelligent ; voilà ce qui nous a encouragé nous-même à entreprendre un travail que d'autres. moins pénétrés de l'utilité d'une semblable institution, eussent peut-être trouvé bien ingrat. Puisse-t-il, du moins, attirer et retenir l'attention des hommes qui ont à cœur le bien-être de notre pays et le prompt rétablissement de sa fortune, si rudement éprouvée dans ces dernières années ! La réalisation de ce vœu donnerait satisfaction au plus ardent de nos désirs.

GEORGES CARREAU.

CHAPITRE PREMIER

L'état actuel de la culture en France : *Territoire, produits, population agricole, bétail et instruments.*

Territoire. — D'après les statistiques les plus récentes, le territoire de la France se divise ainsi, suivant la destination que ses diverses parties ont reçue de la nature ou qu'elles ont acquise par le fait de l'homme :

	Hectares
Terres labourables	25,500,675
Prés naturels	5,159,179
Vignes.	2,088,048
Bois et forêts productives.	7,688,286
Vergers, pépinières. jardins	627,704
Oseraies, aunaies, saussaies.	64,429
Landes, bruyères, terres vaines et vagues.	7,138.282
Oliviers, amandiers, mûriers.	186,044
Châtaigneraies.	482,247
Routes, chemins, rues, places et promenades publiques	1,102,122
Rivières, lacs, ruisseaux, canaux, étangs.	737,587
Superficie des propriétés bâties imposables.	244,893
Forêts et domaines non productifs.	1,047,084
Superficie des cimetières, presbytères, bâtiments d'utilité publique, églises.	14,742
Terrains divers non encore classés.	775,753
Total . . . . . . hectares.	52,857,675

qui représentent l'entière superficie du territoire français, y compris les îles voisines de ses côtes, mais non, bien entendu, les possessions françaises des autres parties du monde, lesquelles offrent ensemble une surface de 53 millions d'hectares ; à elle seule, l'Algérie mesure 47 millions d'hectares environ, qui se décomposent de la manière suivante :

		Hectares
TELL : cultivés annuellement.	200,000	
id. périodiquement.	1,800,000	
Pâturages sans broussailles. . .	4.200.000	
Broussailles.	6,800,000	15,000.000
Forêts.	1,000,000	
Sables, rivières, lacs, marais, routes.	1,000,000	
SAHARA : Oasis et terres irrigables . . .	100,000	
Landes à pacages	31.000,000	32,000,000
Rochers, lacs, rivières	900,000	
TOTAL.	47.000,000	

Nous nous arrêterons à ces simples indications, en ce qui concerne l'Algérie, la France devant être seule l'objet et la matière de cette étude.

Il résulte, à première vue, du tableau par lequel nous avons ouvert ce chapitre, que : 7,138,282 hectares de landes, bruyères, terres vaines et vagues; 1,047,684 de forêts et domaines non productifs; enfin, 64,429 d'oseraies, aunaies et saussaies, en tout 8,250,395 hectares, sont, a l'heure qu'il est, totalement perdus pour l'agriculture. De plus, il conviendrait d'ajouter à ce chiffre la moitié environ des 775,753 hectares placés sous la rubrique : « Terrains divers non encore classés », ce qui porterait a 8,600,000 hectares la superficie approximative de la partie de notre territoire qui, étant susceptible de culture, est néanmoins complétement abandonnée.

Ce n'est pas tout. Le sol arable se partage lui-même ainsi qu'il suit :

	Hectares
Céréales.	15,000.000
Farineux	1,500,000
Cultures industrielles.	680,000
Prairies artificielles.	2,770,000
Fourrages à consommer en vert.	380,000
Jachères.	5.170,000
Total comme ci-dessus.	25,500,000

Ainsi donc, des 25,500,000 hectares qui figurent dans notre premier tableau comme « Terres labourables », 5,170,000 sont laissés chaque année en jachère, par l'effet, soit d'une vieille routine que condamne formellement la science agricole, et malgré les excellents résultats fournis par les procédés nouveaux, soit du manque de bras et de capitaux nécessaires à une culture continue. Nous aurons, un peu plus loin, à nous prononcer entre ces deux alternatives, et à évaluer la perte qui dérive, pour le pays, de cette pratique que Virgile, en son temps, avait peut-être raison de recommander, dans les *Géorgiques*, à ses compatriotes, mais que le progrès moderne a, depuis bien des années déjà, conseillé d'abandonner.

Au total, ce sont, par conséquent, 13,800,000 hectares environ, soit plus du quart de la surface de notre territoire, qui devraient produire chaque année et qui ne produisent rien.

Produits. — Notre intention n'est pas de donner ici le détail des produits agricoles de la France ; cela nous entraînerait bien au delà du cadre que nous nous sommes tracé; nous nous bornerons à relever quelques-uns des chiffres les plus saillants, qui, d'ailleurs, nous seront utiles dans le développement de la série d'idées et d'observations que nous avons à présenter.

En 1873, les céréales donnèrent un produit de 217,800,000 hectolitres ; mais cette année-la fut très-mauvaise, en sorte que nous ne pouvons en faire la base de nos calculs. Au contraire, l'année 1872 avait été très-bonne ; elle avait présenté un total de 276 millions d'hectolitres en céréales. Si nous prenons la moyenne de ces deux récoltes successives, l'une pauvre et l'autre riche, nous obtiendrons avec une suffisante exactitude le chiffre de la production annuelle de la France en céréales. Ce chiffre est de 246 millions d'hectolitres, dont 101 2/5 de froment, 7 1/3 de méteil (mélange de froment et de seigle), 25 1/5 de seigle, 19 1/2 d'orge, 72 1/3 d'avoine, 21 1/4 de sarrasin, maïs et millet ensemble, avec un rendement moyen de 14.68 hectolitres à l'hectare pour le froment, 15.14 pour le méteil, 13.31 pour le seigle, 17.86 pour l'orge, 22.75 pour l'avoine, 14.96 pour le sarrasin, le maïs et le millet en moyenne.

Ces 246 millions d'hectolitres, multipliés par le prix moyen, à l'hectolitre, des diverses céréales qui les composent, représentent, comme valeur moyenne de la récolte annuelle de la France : pour les grains, 3 milliards 960 millions, et pour la paille 1 milliard 150 millions, soit un total de 5 milliards 110 millions, dans lequel le froment entre pour près de 3 milliards. Nous avons fixé de la manière suivante, croyant nous approcher beaucoup de la vérité, le prix moyen de l'hectolitre des diverses céréales : froment 23.70, méteil 18.30, seigle 14.50, orge 11.40, avoine 8.60, sarrasin, maïs et millet 10, en moyenne.

La moyenne de production des farineux (légumes secs, pommes de terre et châtaignes) est de 126 millions d'hectolitres, dont 4 3/4 de légumes secs, 115 1/3 de pommes de terre et 6 1/4 de châtaignes : valeur totale, 1 milliard 550 millions.

Plantes textiles (lin et chanvre), moyenne de produit : 1,175,000 quintaux de filasse; valeur : 140 millions.

Cultures oléagineuses (colza, œillette, etc.) : valeur des produits (huiles et tourteaux) : 100 millions.

Cultures diverses : betteraves, 216 millions de francs; houblon, 9 millions ; tabac, 19 millions; garance, 16 millions : total, 260 millions.

Olives (fruits et huiles) : 60 millions de francs.

Vers à soie (graines et cocons) : 70 millions de francs.

Abeilles (miel et cire) : 20 millions de francs.

Vignes, valeur du produit : 1 milliard 600 millions de francs.

Cultures potagères, fruitières et maraîchères; valeur du produit annuel : 1 milliard 500 millions.

Bois et forêts productives (valeur moyenne de 1,377 francs l'hectare et revenu de 4 pour 100), revenu brut : 425 millions.

Prés naturels (valeur moyenne de 3,345 francs l'hectare et revenu de 6 pour 100), revenu brut : 1 milliard 30 millions.

Valeur générale, année moyenne, de la production agricole de la France : 11 MILLIARDS 865 MILLIONS.

Un tel chiffre, nous le reconnaissons, est fort imposant ; il est tout à fait insuffisant, cependant, si l'on considère l'étendue et la nature exceptionnellement favorable de notre sol, la ·douceur de notre climat, l'heureuse répartition de nos bassins. Nous verrons plus loin ce que devrait être le revenu agricole de la France.

La différence de production est d'ailleurs énorme entre les divers départements, et cette seule disproportion doit ouvrir les yeux des hommes qui s'intéressent au développement de notre prospérité agricole. Le Nord a une production évaluée à 262 millions ; celle des Alpes-Maritimes, des Hautes-Alpes et de la Lozère est tout au plus égale et même inférieure à celle du département de la Seine (33 millions), de la superficie déjà extrêmement faible duquel il faut encore retrancher le territoire occupé par la ville de Paris.

En attendant que la production s'égalise entre ses départements, la France est obligée de faire venir de Russie, de Pologne, de Prusse, de Roumanie, d'Espagne, d'Italie, même des États-Unis et d'Égypte, le supplément de blé nécessaire à sa consommation. Cette importation s'est élevée, en 1873, à un chiffre voisin de 5 millions de quintaux, soit plus de 6 millions d'hectolitres. On a peine à croire qu'un pays comme le nôtre n'arrive pas à produire, non-seulement la quantité de froment qu'exige sa consommation, mais beaucoup plus encore que celle-ci ne réclame. En France il devrait en être du blé comme du vin, dont on exportait, en 1873, plus de 4 millions d'hectolitres, valant plus de 300 millions de francs, tandis que l'importation était seulement de 640 mille hectolitres pour 23 millions.

Population agricole. — La population totale de la France était, au 1ᵉʳ juillet 1873, de 36,260,928 habitants, répartis entre nos 86 départements et le territoire de Belfort ; ce chiffre constate une augmentation de 158,000 habitants sur celui de 36,102,921, qui a été fourni par le recensement de 1872. Nous serons obligé, toutefois, de nous en tenir à ce dernier, les statistiques ne nous donnant pas de classement plus récent que celui de cette année-là.

En 1872, la population des campagnes constituait les 51 centièmes de la population totale ; elle comptait exactement 18,513,525 individus, dont 5,970,171 chefs de famille (4,664,855 hommes et 1,305,316 femmes) exerçant réellement la profession agricole, 11,311,319 femmes et enfants, et 1,232,035 domestiques. Il y a, en outre, un personnel flottant composé de 1,200,000 hommes et 700,000 femmes environ, qui ne sont employés que temporairement, pendant les gros travaux de la moisson, aux labeurs des champs.

En fait, ce sont un peu moins de 6 millions d'agriculteurs chefs de famille qui se partagent la culture de notre territoire. Or, si l'on déduit des 52,857,675 hectares qui constituent la superficie totale de la France : les 1,102 mille hectares de route, chemins, etc., les 737,500 hectares de rivières, lacs, canaux, etc., la superficie des propriétés bâties, imposables ou non, la moitié des terrains divers non encore classés, — on trouvera que la surface des terres actuellement productives ou susceptibles de production est de 50,400,000 hectares. Il en résulte qu'en moyenne la France ne compte pas plus d'un cultivateur pour 8 hectares et demi.

Au point de vue de la répartition de la propriété, la statistique nous fournit encore une décomposition fort intéressante de ce chiffre de 5,970,171 agriculteurs. Nous n'avons pas à y faire entrer les propriétaires non cultivateurs, qui font travailler pour leur compte, et qui, dans la plupart des cas, n'habitent même pas la campagne, puisque ce chiffre est celui des chefs de famille exerçant réellement la profession agricole ; il ne comprend, par conséquent, que les propriétaires cultivateurs et les cultivateurs non propriétaires. Les premiers sont au nombre de 4,627,000 et les seconds de 1,343,200 environ. D'où cette conclusion, que plus des trois quarts des cultivateurs de profession ont part à la propriété du sol (il ne s'agit, bien entendu, que des 50,400,000 hectares cultivés ou cultivables) et que ces 50,400,000 hectares sont aux mains de 4,627,000 propriétaires-cultivateurs, auxquels il faut ajouter le nombre des propriétaires non cultivateurs, qu'on peut évaluer largement à 70,000 (il était de 56,600 en 1862). Le sol cultivable de la France est donc partagé entre 4,700,000 individus environ, qui posséderaient chacun, en moyenne, 10 hectares 3/4. Mais on sait que, dans la réalité, cette répartition est très-inégale ; la voici telle que l'établit l'enquête agricole de 1862, dont le rapport, œuvre remarquable de M. Legoyt, n'a été publié qu'en 1868 :

Exploitations de moins de 5 hectares	1,815.558
— de 5 à 10 »	619,843
— de 10 à 20 »	363,769
— de 20 a 30 »	176,744
— de 30 a 40 »	95,796
— de 40 hectares et au-dessus.	154,167

Si l'on qualifie de petites propriétés les exploitations de moins de 10 hectares, de moyennes celles de 10 à 40 et de grandes celles de plus de 40 hectares, on constate que les premières sont à la totalité dans une proportion de 75,48 pour 100, les secondes de 19,75 et les troisièmes de 4,77.

Le lecteur remarquera que le total de 3,225,877 exploitations agricoles, donné par la répartition ci-dessus, ne concorde pas avec le chiffre de 4,700,000 propriétaires que les statistiques plus récentes nous ont fourni. Il y a un écart considérable de près d'un million et demi. On aurait lieu de croire, à défaut d'indications plus précises, que le nombre des propriétaires s'est accru dans de larges proportions depuis 1862 et que le morcellement de la propriété a fait, depuis lors, de très-grands progrès. Peut-être encore faut-il distinguer ici entre exploitation et propriété ; le chiffre de 3,225,877 serait alors entièrement compris dans les 41 millions 800 mille hectares productifs, et l'excédant de 1,474,123 que présente 4,700,000 répondrait au nombre des propriétés non productives, qui ont ensemble une étendue de 8 millions 600 mille hectares. Si l'on s'en tenait à cette interprétation, ce seraient donc 1,474,123 propriétaires, possédant en moyenne 5 hectares 4/5, qui laisseraient leurs fonds dans le plus complet abandon, soit par incurie, soit par indigence de moyens de culture. La raison se refuse à croire à une telle généralisation de l'insouciance ou du dénûment ; il faut cependant bien l'admettre, si l'on repousse la première explication, celle de la multiplication de la petite propriété. Entre ces deux maux, le dernier nous paraît encore le moindre.

Bétail. — Voici un article sur lequel nous ne nous attarderons pas, d'abord parce que le but spécial de notre travail ne comporte pas de nombreux détails, tout intéressants qu'ils soient, sur l'élevage des diverses races d'animaux domestiques ; ensuite parce que nous sommes persuadé que cette branche importante de notre industrie agricole ne peut se développer qu'à proportion des progrès de notre culture : l'amélioration de celle-ci entraînera forcément le développement de celle-la. Ayons de vastes prairies et de bons pâturages, et le bétail nous sera donné par surcroît. A nos yeux, la question du bétail est donc, non pas secondaire, mais subordonnée. Le nombre des animaux qu'on occupe aux travaux des champs, qu'on engraisse du produit des champs, ne peut être que proportionné à l'étendue et au rendement moyen de ces champs. Nous pensons qu'il n'est pas besoin d'insister sur cet axiome élémentaire, applicable non-seulement au bétail employé à la culture et qui se compose d'environ 1,450,000 chevaux et juments, 250,000 mulets, 220,000 ânes et ânesses, 1,700,000 bœufs et 1,400,000 vaches, mais encore au bétail spécialement destiné à l'élevage et à l'engraissement.

Pour la quantité du bétail, par rapport à l'étendue de son territoire et au nombre de ses habitants, la France est loin d'occuper la place qui lui convient parmi les nations européennes. La Grande-Bretagne et la Belgique, le Danemark et la Hollande, l'Irlande et le Wurtemberg, l'Allemagne enfin, sont bien plus riches qu'elle a cet égard. Nous importons annuellement pour plus de 125 millions de bétail, tandis que nous en exportons seulement pour 30 à 35 millions.

Au 31 décembre 1873, la France possédait 48,750,000 têtes de bétail, ainsi divisées par espèces : ovine, 26 millions ; bovine, 11,721,000 ; porcine, 5,755,000 ; chevaline, 2,740,000, plus 300,000 mulets et 450,000 ânes ; caprine, 1,784,000. Elle compte donc, en moyenne, 92.2 têtes de bétail par kilomètre carré (même pas une par hectare), dont 49.2 moutons, 22.2 bœufs et vaches, 10.9 porcs, 5.2 chevaux, 1.4 mulets et ânes, 3.3 chèvres.

Si l'on fixe à 520 francs environ, pour toute la France, le prix moyen d'un bœuf, à 360 celui d'un taureau, à 320 celui d'une vache, à 85 celui d'un veau, et si l'on multiplie par 11,721,000 la moyenne, 321, de ces prix, on obtient la somme de 3,782 millions et demi, qui représente approximativement la valeur de nos animaux d'espèce bovine.

De même, à 560 francs le prix d'un cheval, à 300 celui d'un mulet et à 88 celui d'un âne, on a, pour les 2,740,000 chevaux, 300,000 mulets et 450,000 ânes et ânesses que possède la France, une valeur totale de 1,664 millions.

26 millions de moutons, béliers, agneaux, à 50 francs en moyenne, représentent 1,300 millions.

5,755,000 porcs, au-dessous et au-dessus d'un an, à 65 francs en moyenne : 374 millions.

Enfin, 1,784,000 chèvres à 15 francs : 26,700,000 francs.

Soit, pour l'ensemble de notre bétail, qu'il soit destiné à l'élevage et à l'engraissement ou aux travaux des champs, une valeur totale de 7 milliards 146 millions environ.

Instruments agricoles. — Non moins que pour le bétail, la France est devancée, pour la quantité proportionnelle des gros instruments agricoles, par plusieurs autres pays d'Europe et notamment par l'Angleterre, la Belgique et l'Allemagne ; il ne saurait en être autrement, vu l'insuffisance manifeste du gros bétail employé chez nous aux travaux des champs. Pour tirer les charrues et traîner les herses, il faut des chevaux ou des bœufs ; les cultivateurs qui n'ont ni chevaux ni bœufs sont amenés à se passer aussi d'instruments. Tout se tient dans l'agriculture, comme dans la nature, du reste, avec laquelle elle est perpétuellement en contact : il faut des bestiaux pour les instruments, du fourrage pour les bestiaux, des soins à la terre pour obtenir le fourrage, des instruments pour travailler la terre. C'est un cercle dont il est impossible de sortir.

Le rapport de l'enquête agricole de 1862 donne les chiffres suivants :

Charrues avec ou sans avant-train, 3,206,521 ; scarificateurs, 9,855 ; extirpateurs, 37,884 ; fouilleuses, 6,330 ; houes à cheval, 25,846 ; herses, 1,002,302 ; blutoirs, 35,939 ; semoirs, 10,853 ;

coupe-racines, 27,958 ; machines à faner, 5,649 ; machines à faucher, 9,442 ; à moissonner, 8,907 ; à battre (à vapeur), 2,849 ; à battre (à manége), 97,884.

Soit un total de 4,488,219 gros instruments.

Sans doute, ces chiffres sont aujourd'hui très-inférieurs aux chiffres réels ; nous n'avons malheureusement trouvé, dans les statistiques qui ont suivi celle-là, aucune indication qui pût nous conduire à la découverte de nombres approchant davantage de l'exactitude actuelle ; mais nous pensons qu'on peut élever ce total de 35 0/0, ce qui le porte à 6 millions environ. Il est regrettable que, depuis quinze ans, un nouveau recensement des instruments agricoles n'ait pas été ordonné par l'État. Leur nombre et leur valeur constituent un des principaux éléments de la richesse agricole, non-seulement parce qu'ils sont une propriété, une portion importante du capital d'exploitation, mais encore et surtout parce que des améliorations et bénéfices de toutes sortes dérivent nécessairement de leur emploi : une bonne charrue vaut son pesant d'or.

Il y a plusieurs années déjà, un économiste anglais estimait que la valeur, dans la Grande-Bretagne, des animaux et des instruments employés à la culture était deux fois et demie supérieure à la valeur, en France, des uns et des autres ; on a dit aussi que le capital d'exploitation n'est chez nous que de 125 francs par hectare, tandis qu'il serait de 350 en Angleterre. Ne serait-il pas fort intéressant de savoir dans quelles proportions ces chiffres ont grandi de part et d'autre et si nous sommes aujourd'hui encore précédés d'aussi loin par notre riche voisine du Nord?

CHAPITRE II

***

Des obstacles au progrès agricole : *Manque de bras, manque de capitaux, système du fermage, morcellement excessif de la propriété.*

Les causes qui contrarient l'essor de notre agriculture, en laissant improductifs 13,800,000 hectares, sont multiples ; voici les principales : 1° le manque de bras, 2° le manque de capitaux, 3° le système du fermage. 4° le morcellement excessif de la propriété. Nous allons les examiner les unes après les autres, et présenter les observations qu'elles nous suggèrent.

Le manque de bras. — Il dérive d'abord de l'extrême lenteur constatée dans l'accroissement de la population de la France ; cette grave question, remise sur le tapis par M. Léonce de Lavergne, à qui toute la presse fit écho, a produit en ces derniers temps une émotion aussi vive que justifiée. La statistique comparée des naissances et des décès près les divers États européens démontre, en effet, que la France vient en dernier lieu sur la liste proportionnelle de l'accroissement annuel de la population. Tandis que la Russie double la sienne en 50 ans seulement, l'Écosse, la Suède et la Norwége en 53 ans, l'Angleterre en 54, la Prusse en 61, etc., la France n'obtient le même résultat qu'au bout d'une période de 198 ans. Dans nos campagnes, où le nom de Malthus est certainement fort peu connu, on suit, tout aussi bien qu'à la ville, les préceptes formulés par le savant économiste anglais. Beaucoup voient, dans ce quasi-stationnement du chiffre de la population, un commencement de décadence, un symptôme de dépérissement et de ruine. Nous ne saurions être de cet avis ; nous ne pouvons ni ne voulons admettre cette conséquence extrême ; tout au plus est-ce l'indice d'une défaillance momentanée, ou mieux encore un de ces repos qui sont aussi nécessaires a la santé, à la vie des nations qu'a celle des individus. Il n'en est pas moins vrai que notre agriculture souffre directement de cet état de choses.

Un autre fait, qui ne s'oppose pas moins a ses progrès, car il entraîne pour elle un abandon analogue, est ce qu'on pourrait appeler la poussée des habitants des campagnes vers les centres de population : plus une ville est riche et plus elle est grande, plus la jeunesse des villages a de tendance à s'y porter ; on dirait que les masses humaines, comme les masses inorganiques sur les corps plus petits, exercent une invincible attraction sur les individus. De là vient en partie que le département de la Seine compte en moyenne 4,673 habitants par kilomètre carré, tandis que les Hautes et les Basses-Alpes en ont 20 à peine, la Lozère 26, les Landes 32, etc. ; dans le Nord, où la population est la plus dense, après la Seine, le nombre des habitants n'est déjà plus que de 254 pour la même étendue de terrain.

Les deux causes que nous venons de signaler, en agissant ensemble, en se fortifiant l'une par l'autre, pour ainsi dire, ont fait que, depuis 1851, la proportion de la population agricole, par rapport à la population totale de la France, s'est constamment abaissée, d'une façon très-sensible. Elle était alors de 62 0/0 ; elle est tombée à 53 en 1861, puis à 52 en 1866 ; enfin, le recensement de 1872 constate qu'elle était descendue à 51 0/0.

Qu'on nous permette de reproduire, à titre d'exemple, les nombres que nous fournit, pour le département de l'Eure, M. Ch. Delais (1). Ce département possédait 424,762 habitants en 1836 ; il n'en avait

<hr>

(1) *Les vœux et les besoins de l agriculture devant l'enquête parlementaire de* 1870. Blot, libraire-éditeur, à Évreux — Le Corps législatif avait, en effet, décidé en 1870 de s'enquérir des besoins de notre agriculture, mais cette heureuse décision fut pratiquement annulée par la déclaration de guerre qui la suivit de près, sans quoi notre tâche eut été grandement facilitée nous n'aurions pas été obligé de recourir souvent aux chiffres de l'enquête agricole de 1862, qui ne pouvaient être acceptés que moyennant des modifications importantes.

plus que 398,661 en 1861 et 394,469 en 1866. La diminution a donc été de plus de 30,000 en trente ans ; or, sur ces 394,469 habitants, 172,480 composaient la population agricole, et c'est sur celle-ci que pèse, à peu près exclusivement, l'émigration, qui, d'ailleurs, n'a lieu que vers l'intérieur, les grands centres et Paris surtout. Donc, cette population, qui était d'environ 202,000 en 1836, avait déjà diminué en 1866 de plus d'un septième ; où en est-elle aujourd'hui ? Et cependant, il ne saurait venir à l'idée de personne de placer l'Eure au nombre des départements pauvres de la France. Quelle serait alors la proportion de l'émigration pour les Hautes et les Basses-Alpes, la Lozère et les Landes !

C'est là un mal véritable et dont nul n'ignore l'existence. Quel remède peut-on y opposer ? Jusqu'à présent, on n'en connaît point

« On s'est vivement préoccupé, dit M. Maurice Block (1), de la tendance des populations rurales a se porter vers les grandes villes et l'on a signalé les dangers qu'elle pouvait entraîner au point de vue de la sécurité et de la moralité publiques, aussi bien que sous le rapport de la prospérité agricole. La désertion des campagnes et la concentration dans les villes de masses trop nombreuses de population ont assurément de graves inconvénients ; mais ces faits ont été la conséquence forcée du développement de l'industrie, de l'élévation des salaires et de l'irrésistible attrait qu'exercent sur les populations rurales les jouissances que leur offrent les grandes villes. Cette tendance, au reste, n'existe pas seulement en France, on s'en plaint dans toute l'Europe. Les lois n'y pouvaient et n'y peuvent rien. Le mouvement s'arrêtera lorsque la rareté relative des ouvriers à la campagne et la décentralisation de l'industrie auront, dans une certaine mesure, égalisé le taux des salaires. »

S'il faut, pour que ce mouvement s'arrête, que la rareté relative des ouvriers à la campagne et la décentralisation industrielle aient égalisé le taux des salaires, nous aurons encore, on peut le craindre, bien longtemps à attendre. Il semble qu'avant de s'égaliser entre les ouvriers de l'industrie et les ouvriers des champs, les salaires doivent d'abord se rapprocher de la moyenne, pour ces derniers, dans les divers départements de la France ; or, ils va-

(1) *Statistique de la France*, 1875. — Guillaumin, à Paris

rient considérablement d'une localité à l'autre. Tandis qu'ils sont de plus de 3 francs par jour dans les Bouches-du-Rhône et l'Hérault, ils tombent à 1 fr. 50 et même 1 fr. 40 dans les Côtes-du-Nord, l'Ariége, l'Indre-et-Loire, la Loire-Inférieure, le Tarn ; ils sont de 2 fr. 80 a 3 fr. dans la Charente-Inférieure et la Marne ; de 2 fr. 50 à 2 fr. 70 dans la Corrèze, la Gironde, la Loire, la Haute-Marne, l'Orne, la Vienne, etc. Nous sommes donc bien loin encore de toucher au premier but indiqué. Quand atteindrons-nous le second? Dieu le sait.

En attendant, le mal sévit, et c'est pour nous une médiocre consolation de savoir que ce n'est pas seulement en France qu'on s'en plaint, mais bien un peu partout en Europe. Il nous paraît certain que nulle part ailleurs il n'est encore arrivé au degré d'acuité où nous le voyons ici, depuis vingt-cinq ans surtout. Du reste, cette intensité particulière a une raison d'être qui se présente tout naturellement a l'esprit : il n'y a de Paris qu'en France, il n'existe nulle part une ville aussi attrayante, et si les étrangers eux-mêmes résistent si mal à ses séductions, on ne saurait beaucoup s'étonner que des Français s'y abandonnent.

Le manque de capitaux est le second obstacle qui s'oppose au développement régulier de nos ressources agricoles.

C'est en 1864 que M. Thoinnet de la Thurmelière s'écriait : « Le vent qui souffle ne pousse pas les capitaux vers l'agriculture : c'est une calamité. » Depuis treize ans, le vent n'a malheureusement pas pris une meilleure direction ; les capitalistes, en général, ne veulent pas entendre parler d'agriculture, ils ne sont point la dans leur élément. Une bonne opération de bourse est bien plus tôt faite que le défrichement d'une grande propriété ; elle n'exige pas tant de frais, de soins, de tracas, et elle ne tarde pas tant à donner des profits.

Telle est la disposition générale des capitalistes, qui seraient pourtant admis a invoquer, a leur decharge partielle, la protection dont notre législation entoure le cultivateur dans ses rapports avec ses prêteurs possibles. Nous pouvons cependant citer de très-hautes exceptions. M. Gaultier (1) rapporte que M. Cail, le grand

(1) *Trente annees d'agriculture pratique.* — Nantes, 1866.

industriel parisien, a acheté, aux Briches (Indre-et-Loire), 600 hectares de terres marécageuses, en affectant une somme de 1,500,000 francs à leur amélioration : ces terres ont été défoncées et nivelées, drainées et fortement fumées. Certes, la dépense a été grande, mais M. Cail se félicite sûrement aujourd'hui de cet emploi de son argent, et il en retire de gros intérêts. Du reste, ce n'était pas là son coup d'essai ; déjà il cultivait en grand, en 1866, la betterave et le colza dans le nord de la France, et il obtenait des 100 mille kilogrammes de racines à l'hectare ; ses terres ont acquis une valeur de 7,000 à 8,000 francs l'hectare, double du prix moyen des meilleurs terrains. Il possédait de 700 à 800 bœufs.

MM. le marquis de Mornay, Paulin Talabot, Aguado, etc. : voila quelques autres grands noms de propriétaires fonciers qui comptent en même temps parmi les grands noms de la finance ; voilà des exemples qu'on ne saurait mettre trop souvent sous les yeux des capitalistes et qu'on ne doit pas se lasser de leur offrir, dans l'espoir qu'ils se décideront à en profiter quelque jour.

Nous avons vu que les grandes, les moyennes et les petites propriétés sont, avec le nombre total des exploitations agricoles, dans les rapports respectifs de 4.77, de 19.75 et de 75.48. Rien de mieux qu'une telle répartition, si l'ensemble du capital d'exploitation était suffisant et s'il était divisé, entre les trois classes de propriétés, dans des proportions analogues ; mais l'une et l'autre de ces deux conditions font également défaut. 125, mettons 150 francs par hectare comme capital moyen d'exploitation, constituent une trop modique ressource pour que le propriétaire soit dans la possibilité d'amender sérieusement ses terres. En disant cela, nous n'avons pas moins en vue la grande propriété que la petite, et celle-là plus encore que celle-ci, car, en définitive, le petit cultivateur trouve toujours le moyen de donner, bien ou mal, à ses champs les façons indispensables. Il loue un cheval et une charrue, s'il n'en a point ; c'est pour trois, quatre, huit jours, une dépense relativement forte, mais qu'il peut encore faire ; il n'a plus qu'à semer ensuite et attendre le produit ; la moisson venue, quelques journées de charretier suffisent pour la rentrer, et tout est dit. Mais le grand propriétaire, dont les capitaux ne sont pas proportionnés à l'étendue de son domaine, se voit presque toujours dans la nécessité absolue de laisser en friche au moins une partie des terres qu'il a achetées dans cet état, ou bien, si ses terres sont préparées pour la culture, d'en mettre la moitié quelquefois en jachère, parce qu'il ne peut leur donner à toutes, chaque année, les façons qu'elles réclament. Friches et jachères, sauf dans trois ou quatre de nos départements les plus pauvres et les plus arriérés, sont pour ainsi dire inconnues à la petite propriété, tandis qu'elles sont la plaie de la grande. « Il a été constaté, disait M. Casabianca au Sénat, dans son rapport sur le projet de code rural (août 1856), que la valeur de la grande propriété s'était à peine accrue d'un tiers ou d'un quart dans un intervalle de trente ans, tandis que des terrains d'une qualité inférieure, morcelés et acquis presque exclusivement par des cultivateurs, avaient quadruplé et même quintuplé de prix. » Ces paroles sont en accord parfait avec ce que nous venons de dire, quant aux conditions spécialement fâcheuses dans lesquelles se trouve la grande propriété ; elles en sont comme la confirmation et la preuve irréfutable.

En dehors de cette raison, l'insuffisance du capital d'exploitation, comment pourrait-on expliquer qu'aujourd'hui, après les immenses progrès que la science agricole a faits, depuis cinquante ans surtout, grâce à la généreuse et savante initiative des Mathieu de Dombasle, des de Gasparin, etc., il y ait encore en France 8 millions 600,000 hectares de terres en friche ? Comment expliquerait-on l'abandon régulier de ces 5,170,000 hectares de jachères, chiffre annuel qui, depuis un quart de siècle, n'a pas sensiblement diminué ? Il y a évidemment là une autre raison que celle que l'on peut tirer de l'ignorance des procédés nouveaux ou de l'entêtement routinier des populations agricoles.

La propriété moyenne est celle qui se trouve dans les meilleures conditions : toutes les parties peuvent en être également soignées, parce que son étendue n'est pas excessive et que les moyens dont dispose le propriétaire y sont, en général, mieux proportionnés ; d'où des produits très-rémunérateurs (tant il est vrai que l'eau va toujours au moulin), et, par conséquent, l'aisance, la possibilité de se procurer des engrais en plus grande quantité, des attelages de plus en plus nombreux, des instruments de plus en plus perfectionnés.

C'est aux mains des agriculteurs de cette classe qu'est la majeure partie du capital d'exploitation. Qu'on mette les petits propriétaires dans la possibilité de bien soigner, à peu de frais, leurs parcelles de terrain; qu'on offre aux grands la facilité d'étendre à toutes les parties de leur exploitation les travaux de culture et d'amélioration que, dans l'état présent des choses, ils se voient obligés de réserver à quelques-unes, et le revenu agricole de la France s'accroîtra de moitié. Tel est le but que se propose principalement la Société dont nous parlerons dans un chapitre suivant.

Le système du fermage. — Le propriétaire qui ne peut ou ne veut exploiter par lui-même ses biens ruraux en confie le soin, soit à un fermier, soit à un métayer. Le bail à ferme laisse à la charge du premier tous les frais de l'exploitation et l'oblige à payer chaque année une redevance fixe, en argent dans le plus grand nombre des cas, en nature quelquefois; le métayage ou colonage met à la charge du propriétaire une partie des dépenses, moyennant l'abandon, par le métayer ou colon, d'une portion, déterminée d'avance, des produits. Le métayage était autrefois très-répandu et le fermage constituait l'exception; c'est tout le contraire aujourd'hui : l'enquête agricole de 1862 a constaté que les fermes sont près de trois fois plus nombreuses que les métairies. Toutefois, cette proportion semble avoir diminué depuis lors et les propriétaires non exploitants paraissent enclins, sinon à revenir à la forme absolue du métayage, du moins à adopter une combinaison mixte qui, en les obligeant à faire une partie des frais de l'exploitation, leur permettrait de demander aux fermiers une part proportionnelle dans la récolte et variable suivant l'importance de celle-ci. Cette combinaison a reçu le nom de colonage partiaire; elle est encore dans la période expérimentale, mais comme les bons résultats qu'on en attend ne sont pas douteux, il est permis de croire qu'elle remplacera bientôt, à peu près partout, le système du fermage, dont les inconvénients sont depuis longtemps reconnus et déplorés.

Voici, par exemple, un fermier qui paie, en vertu d'un bail de six ans, une redevance annuelle fixe à son propriétaire : s'il a des capitaux, il se gardera bien de les employer à la bonification de terres qui lui échapperaient au moment même où elles commenceraient à le payer de ses avances; s'il n'en a pas, il se verra dans l'impossibilité d'améliorer les champs confiés à ses soins ou tout au moins d'entretenir leur degré de fertilité, et, selon toute probabilité, c'est vers la ruine qu'il marchera bien plutôt que vers la fortune. Les terres, trop peu fumées ou mal travaillées, s'épuiseront, la récolte diminuera d'année en année, et cependant la redevance restera toujours la même. Écoutons ce que dit à ce sujet M. Dehais, qui est, dans l'Eure, à la tête d'une exploitation importante : « Le cultivateur qui loue une ferme pour neuf ans, met trois ans à améliorer, trois ans à jouir, trois ans à détruire. C'est absurde? Mais non, vous allez voir qu'il est logique, très-logique. Si, dans ces trois dernières années de jouissance, il ne détruisait pas le bien qu'il a pu faire aux terres de sa ferme, il verrait son habileté, sa générosité, se retourner contre lui; devant ses récoltes magnifiques, concurrents d'accourir, propriétaire de devenir plus exigeant. S'il ne détruit pas, il sera détruit. » Quand on songe que c'est dans de semblables conditions que sont exploitées la moitié environ des propriétés agricoles de la France, on n'a plus lieu de s'étonner que nos cultivateurs ne retirent, en moyenne, de leurs terres ensemencées, qu'un produit de beaucoup inférieur à celui que comporte la bonté du sol. L'agriculteur anglais obtient, à l'hectare, d'une terre moins fertile que la nôtre, de 25 à 40 hectolitres de blé, tandis que nos cultivateurs n'en récoltent qu'une quinzaine d'hectolitres sur une même surface. N'y a-t-il pas la un point de comparaison qui devrait piquer notre amour-propre?

Le colonage partiaire n'a pas les inconvénients du bail à ferme, et il présente, en outre, d'inappréciables avantages : il intéresse directement le propriétaire à l'amélioration de la propriété, il entretient entre celui-ci et le colon des rapports plus fréquents, il les éclaire l'un par l'autre sur les meilleures modes de culture à adopter, il met le colon en mesure, par des avances sagement proportionnées aux besoins de l'exploitation, de bonifier les terres, de les irriguer, de les drainer, etc. Que le colonage partiaire s'étende, qu'il supplante partout le fermage, comme on a lieu de l'espérer désormais, et les revenus agricoles de la France augmenteront dans de larges proportions.

Le morcellement excessif de la propriété. — Le morcellement de la propriété est une excellente chose, il a été l'un des facteurs les plus puissants du développement merveilleux que la richesse agricole de notre pays a pris depuis le commencement de ce siècle ; les grandes exploitations de la noblesse étaient forcément peu productives, par des raisons analogues a celles qui font qu'aujourd'hui même le rendement de la grande propriété est fort inférieur à ce qu'il devrait être : voila des vérités incontestables. Mais il ne faut pas abuser, même des meilleures choses, et le morcellement de la propriété est arrivé de nos jours a l'état d'excès et d'abus. Il fut un bien d'abord, il devient un mal, dont jusqu'ici on n'a pas encore trouvé le remède. Tandis que l'étendue moyenne des exploitations agricoles est, en Angleterre, de 60 hectares, elle n'est que de 10 en France. C'est dans les régions de l'Est et du Midi, et principalement dans les départements montagneux, que le morcellement atteint son maximum d'intensité.

M. Legoyt, dans le rapport que nous avons déjà plusieurs fois cité, énumère ainsi qu'il suit les raisons qui rendent incessant l'accroissement du morcellement en France, raisons qui sont pour le moins aussi valables aujourd'hui qu'en 1862 · 1° l'égalité dans le partage des successions immobilières ; 2° la vente en détail des grandes propriétés ; 3° la moins-value morale de la propriété rurale, par suite de la suppression du cens électoral ; 4° la concurrence des valeurs immobilières ; 5° les aliénations immobilières par petits lots faites par l'État, les communes, les établissements publics ; 6° la plus-value considérable des terrains contigus aux villes, et dont la vente au détail, pour les constructions, s'accroît sans relâche.

La plupart des exploitations se composent d'un certain nombre de lots, souvent éloignés les uns des autres, et cette division, jointe a la dispersion qui en est la conséquence obligée, constitue un des grands maux de notre agriculture. A mesure que le nombre des cultivateurs décroît, celui des parcelles augmente et les propriétés s'éparpillent. M. Monny de Mornay citait, il y a plusieurs années, une commune, du département de la Meuse, comptant 270 propriétaires qui se partageaient 832 hectares divisés en 5,348 parcelles, soit 6 1/2 par hectare et 20 environ par propriétaire, avec une superficie moyenne de 1,535 mètres ; nous ne

serions pas étonné que, depuis lors, le nombre des propriétaires
ait augmenté et plus encore celui des parcelles. Certaines localités
de la Beauce offrent une répartition analogue; la petitesse même
des unités de mesure agraire en usage donne une idée du peu
d'extension qu'y ont ordinairement les propriétés. On n'y connaît
que le minot, la mine et le setier de terre, équivalant : le premier
à 8 ares 1/2 environ, la deuxième a 17 ares et le troisième à 34,
c'est-a-dire à la superficie, ou peu s'en faut, de l'ancien arpent de
Paris. Est-il besoin d'ajouter que les mines et les minots surtout,
sont bien plus nombreux que les setiers ?

Cette division excessive a pour effet nécessaire d'augmenter
considérablement la moyenne, par hectare, des frais d'exploitation,
que la dispersion vient encore accroître, et dans des proportions
encore plus grandes. On peut dire que l'excédant de travail imposé
par cette dispersion au cultivateur et aux animaux qu'il emploie,
la perte de temps qui en résulte, le surcroît de détérioration qu'elle
cause a ses instruments, enlèvent à l'exploitation le quart de ses
profits par kilomètre à parcourir. M. Albert Block, agronome dis-
tingué, affirme que le produit net d'un champ devient nul quand ce
champ est à 3,750 mètres de l'habitation : « Il faudrait, dit-il,
agglomérer les parcelles par voie d'échange individuel ou d'échange
en masse; depuis que cette agglomération a été rendue obligatoire
en Saxe, dans certaines provinces, les cultivateurs ont dû agrandir
leurs granges et leurs greniers ». Mais il y a beaucoup a dire contre ce principe de l'agglomération obligatoire, atteinte manifeste
au droit de propriété. L'agglomération ne peut être, en France, que
facultative, et dans cette mesure il n'est pas besoin d'une loi spé-
ciale qui l'autorise; d'un autre côté, elle ne pourra passer de la
théorie dans la pratique que quand les cultivateurs en auront bien
et dûment constaté l'utilité; encore se heurterait-elle à une foule
d'obstacles. Mais nous n'en sommes pas encore la.

Une combinaison semblable au fond, quoique présentée sous un
nom différent, repose sur le principe de l'association; elle allierait
les avantages de la petite a ceux de la grande propriété ; mais elle
exigerait, de la part des cultivateurs associés, une certaine égalité
relative de moyens de culture, qui est très-difficilement réalisable
et qui ne se rencontrerait que dans quelques cas tout à fait
exceptionnels. Du reste, en général, rien n'est moins développé,

chez les paysans, que le goût de l'association, et bien peu d'entre eux voudraient s'y résoudre, fussent-ils même persuadés qu'ils en retireraient de beaux bénéfices ; or, cette persuasion ne les a pas encore gagnés, tant s'en faut.

Mais cette association, dont les petits cultivateurs paraissent incapables dans l'état actuel des choses, qui empêche de la réaliser pour eux, à côté d'eux ? Qui empêche de les faire profiter d'une association toute formée en vue des besoins et des travaux de leur exploitation ? Ce serait peut-être là le remède efficace, inutilement cherché jusqu'à ce jour, à opposer au morcellement excessif de la propriété, ainsi qu'au manque de bras et de capitaux.

à la mer des milliards qu'il dépendrait de nous d'arrêter en route en jetant leurs eaux sur nos terres ; il constatait que la Beauce est en proie, chaque année, a une sécheresse qui compromet une partie de ses récoltes et tue même son bétail ; il demandait que le Rhône fût employé à la fertilisation de nos régions du Sud-Est. Cela n'est pas moins juste aujourd'hui qu'alors. L'opération qu'il recommandait et qui consiste à se servir des eaux bourbeuses des fleuves et des rivières comme d'un engrais naturel, en les répandant sur le sol et les laissant écouler ensuite quand elles ont déposé toutes les matières fertilisantes qu'elles tiennent en suspension, est ce qu'on appelle le colmatage. Un des plus beaux exemples de ce que peut l'emploi intelligent et persévérant de ce moyen d'amélioration nous est fourni par un riche propriétaire de la Gironde, qui est ainsi parvenu à rendre des meilleures une terre qui semblait devoir demeurer à jamais stérile.

Quant au drainage, voici comment s'exprimait M. Payen : « Les gouvernements anglais et français ont, l'un et l'autre, mis à la disposition des agriculteurs 100 millions, sur lesquels 63 ont été employés en drainage par l'Angleterre, tandis que des 60 millions offerts par le Crédit Foncier, 100,000 francs à peine ont été acceptés par nos agriculteurs.... Les fameuses lois de 1858 et de 1865, qui affectaient une somme de 100 millions à des travaux de drainage, sont restées lettre morte. Le nombre des prêts autorisés pour cet usage, de 1858 à 1868, n'a été que de 75 et le montant des sommes allouées ne s'est élevé qu'à 1,111,790 francs. C'est un avortement complet. »

En résumé, la France est fort arriérée en matière d'améliorations agricoles ; une quantité de travaux divers restent a effectuer pour que nous puissions obtenir de notre sol, naturellement fertile, toutes les richesses annuelles qu'il devrait produire.

Évaluation approximative de l'accroissement de richesse générale qui résulterait des progrès à réaliser. — Nous avons dit que 8,600,000 hectares de terres susceptibles de production demeurent complétement incultes et ne donnent qu'un revenu insignifiant. Voyons quelle en est la valeur et quelle elle devrait être.

Un rapport présenté en 1860 par le ministre de l'agriculture constatait qu'à cette date les communes possédaient, à titre de propriétaires, 4,718,655 hectares, dont 2,790,000 en marais, terres vaines et vagues, landes, bruyères et pâtures ; la valeur de ces terrains n'était pas estimée à plus de 283 millions, soit 100 francs l'hectare, et leur revenu total à 8 millions de francs, soit 3 francs l'hectare. Admettons, ce qui nous paraît raisonnable, que la valeur de l'hectare inculte se soit élevée depuis à 150 francs, donnant 4 fr. 50 de revenu, et appliquons ces chiffres aux 8,600,000 hectares incultes : leur valeur totale est de 1,390 millions et leur revenu de 38,700,000 francs. Quels devraient-ils être ?

Le capital foncier de la France est aujourd'hui, d'après M. Maurice Block, de 120 milliards, dont 100 en propriété rurale, non bâtie, et 20 en propriété bâtie. Nous savons que la France possède 41,800,000 hectares productifs, il s'agit d'en trouver la valeur moyenne. Tout d'abord, déduisons du capital foncier total les 1,390 millions qui représentent la valeur des 8,600,000 hectares non productifs, attendu que cette valeur est évidemment comprise dans les 100 milliards. Il reste 98,610 millions, qui divisés par 41,800,000 hectares nous donneront la moyenne cherchée, soit 2,359 francs environ. A 2,359 francs l'hectare, les 8,600,000 hectares en question vaudraient 20,288 millions. Ceci serait la valeur foncière des terrains susceptibles de production, une fois qu'ils auraient été mis en culture. En retranchant de cette somme les 1,390 millions de valeur actuelle, l'accroissement de valeur serait de 18,898 millions, et les 120 milliards qui constituent aujourd'hui le capital foncier de la France se trouveraient portés a près de 140. Le résultat, vraiment, en vaut la peine.

Cherchons maintenant le revenu annuel qui dériverait de la mise en culture de ces 8,600,000 hectares. C'est une simple règle de trois dont les données sont : le revenu total actuel, 11,865 millions, le nombre d'hectares actuellement cultivés, 41,800,000, et 8,600,000. Résultat : 2 milliards 441 millions ; déduction faite des 38,700,000 francs qui représentent le revenu actuel de ces 8,600,000 hectares, l'accroissement de revenu sera, de ce chef, de 2,402 millions et demi.

Mais ce n'est pas tout. Il reste annuellement 5,170,000 hectares en jachères, qui ne produisent rien et qui devraient produire. Quelle serait la valeur annuelle de cette production ? Encore une règle de trois sur les données suivantes : revenu total actuel, 11,865 millions ; nombre d'hectares actuellement cultivés , 41,800,000 ; enfin, 5,170,000. Résultat : 1,468 millions.

Total du revenu présentement perdu pour la France, par suite de l'état d'inculture de 8,600,000 hectares et du maintien en jachère de 5,170,000 autres hectares : 3,870 millions. De sorte que, si toute la partie cultivable de notre sol était en état de produire et produisait effectivement, comme cela devrait être, le revenu agricole moyen de la France serait, non pas seulement de 11,865 millions, mais de 15 MILLIARDS 735 MILLIONS.

De cette augmentation de près du tiers de notre richesse agricole, tout le monde profiterait ; l'Etat y trouverait largement son compte, aussi bien que les particuliers ; elle représenterait pour lui un accroissement d'impôts qui serait certainement proportionné à l'accroissement même du revenu. Les charges qui pèsent aujourd'hui sur la propriété foncière étaient évaluées a 1,011 millions au budget de 1875 (dont 318 millions d'impôt foncier — centimes départementaux et communaux compris pour 130 millions — 193 millions de mutations et d'hypothèques, 500 millions représentant les intérêts de la dette hypothécaire). Comme on voit, sur cette somme de 1,011 millions, 500 millions vont aux prêteurs hypothécaires et 130 aux départements et aux communes ; le principal de l'impôt foncier, soit 188 millions, et les droits de mutations et d'hypothèques, 193, en tout 381 millions, appartiennent exclusivement à l'État. Si ce principal et ces droits augmentaient dans la même proportion que le revenu, ils s'élèveraient à 500 millions environ.

Qu'on le remarque bien, cet accroissement des produits purement agricoles amènerait forcément un accroissement proportionnel dans le nombre des animaux domestiques, employés ou non aux travaux des champs ; et si la valeur de ces animaux est aujourd'hui, d'après la statistique de 1873, de plus de 7 milliards, ainsi que nous l'avons calculé au chapitre Ier, elle atteindrait vraisemblablement 9 à 10 milliards dans l'hypothèse où nous nous sommes placé. Cette hypothèse se réalisera dans tous les cas, nous en sommes certain ; toute notre ambition se borne à hâter de quelques années cette réalisation, car, ici, les années sont des milliards.

CHAPITRE IV

De la part des Sociétés de Crédit. — La création à Paris, le 18 mars 1852, d'une Banque foncière qui devait opérer seulement dans le ressort de notre première Cour d'appel, et l'organisation successive d'autres banques semblables étendant leur action respective dans le ressort de chacune des autres Cours, avaient été inspirées par la nécessité reconnue de faciliter aux agriculteurs des diverses régions la participation à ce bienfait qui s'appelle le crédit. Cette idée, empruntée à l'Allemagne, où, depuis plus de quatre-vingts ans, des établissements de même nature fonctionnent avec succès, était certainement excellente en théorie, l'une des plus heureuses qui pût venir au gouvernement nouveau ; malheureusement, dans la pratique, le résultat fut nul ou peu s'en fallut. Les Sociétés départementales, ne rencontrant pas un terrain aussi favorable qu'elles l'avaient espéré, durent disparaître bientôt devant un échec complet. L'action de la Société générale siégeant à Paris fut alors étendue à toute la France, en vertu de la convention du 11 novembre 1852 ; une subvention fut accordée à cet établissement, qui prit alors le nom de Crédit foncier, et son capital de 60 millions fut fourni par des actionnaires. Pour rester fidèle à son origine, le Crédit foncier eût dû être surtout une institution de crédit agricole ; il fut au contraire, et à peu près exclusivement, un établissement de crédit immobilier ; il vint en aide, non pas aux propriétaires ruraux, qui sont les vrais propriétaires fonciers, mais bien à la propriété urbaine, immobilière : « Le Crédit foncier, dit M. Maurice Block, malgré le chiffre élevé de la dette hypothécaire (10 milliards), n'a encore prêté, depuis sa fondation jusqu'au 31 décembre 1871 (en dix-neuf ans), que 1 milliard 93 millions..... Malgré le bon marché relatif auquel il fournit l'argent, malgré la sûreté qu'il offre pour la durée du prêt, malgré les facilités qu'il donne pour le remboursement, les neuf dixièmes des emprunteurs continuent à s'adresser de préférence aux capitaux particuliers ; encore, une grande partie de ses prêts n'a-t-elle rien à faire avec l'agriculture : ils sont venus en aide aux entreprises de démolition et de construction, etc. » Nous ne disons pas qu'à cet égard il n'ait rendu des services, nous prétendons seulement que ceux qu'on était plus particulièrement en droit d'attendre de lui n'étaient pas de cette nature-là. Le Crédit foncier le comprit si bien, qu'il établit sous sa direction, mais avec des intérêts distincts, le Crédit agricole. Celui-ci, autorisé par la loi du 28 juillet 1860, prête sans hypothèque (condition sur laquelle on comptait tout spécialement pour attirer les emprunteurs) a court terme, aux plus modestes agriculteurs. Néanmoins, il n'est guère plus heureux que ne l'ont été les Sociétés départementales ses aînées, et quelle que soit la cause de son peu de succès, le nombre des prêts qui lui ont été demandés est resté jusqu'ici dans des proportions fort restreintes.

Le Crédit rural, société au capital de 20 millions, qui s'était donné un but analogue à celui que le Crédit foncier aurait dû se proposer, n'a pas été, plus que ce dernier, utile à l'agriculture.

M. Léonce de Lavergne, le savant économiste, proclamait, il y a une douzaine d'années, dans l'*Écho agricole*, l'insuffisance, au point de vue du nombre, des succursales de la Banque de France, notre premier établissement de crédit ; il en demandait, non-seulement une par département, mais par arrondissement, avec ouverture aux agriculteurs de comptes-courants portant intérêt ; il préconisait aussi l'institution, à leur usage, de caisses d'épargne spéciales. Ses conseils n'ont pas été suivis jusqu'à présent, et peut-être n'a-t-on pas à le regretter outre mesure, vu l'insuccès constant des expériences de même nature qui ont été tentées.

De la part de l'État. — De son côté, l'État fait tout ce qu'il lui est possible de faire. Le budget de l'agriculture présentait, en 1875, un total de 15,500,000 francs, dont 738,000 affectés aux écoles vétérinaires, 3,253,540 aux encouragements et à l'enseignement professionnel, 4,121,100 au service des haras, etc. Un Institut national agronomique vient d'être créé à Paris (Conservatoire des Arts-et-Métiers). Trois grandes écoles d'agriculture forment des chefs d'exploitation : celle de Grignon, près Versailles, fondée en 1827, comptait 115 élèves en 1874 ; celle de Grandjouan (Loire-Inférieure), fondée en 1832, en possédait 45 ; celle de Montpellier (Hérault), créée en 1871, en avait 59. Elles coûtent ensemble, à l'État, 300 mille francs environ. Il y a 43 fermes-écoles où s'instruisent, dans la pratique surtout, 1,100 élèves, et qui reçoivent ensemble 680 mille francs de subvention. Enfin, 14 chaires d'agriculture, dans autant de grandes villes, exigent une dépense annuelle de 54,300 francs. Un concours général à Paris, douze concours régionaux, 750 comices agricoles ont lieu chaque année.

Dans les conditions actuelles de nos finances, si rudement éprouvées par les désastres de 1870-71, on ne saurait demander à l'État de plus grands sacrifices. On ne saurait non plus demander un plus complet dévouement aux hommes d'élite qui sont à la tête de notre progrès agricole : à M. Porlier, directeur du département de l'agriculture, au ministère de l'agriculture, de l'industrie et du commerce, a M. Drouyn de Lhuys, président de la Société centrale des agriculteurs de France, à M. Barral, secrétaire perpétuel de la même Société, etc.

Les établissements de crédit pouvant peu de chose, dans la situation présente, et comme plusieurs malheureux essais l'ont prouvé, en faveur du progrès agricole ; l'État, qui pourrait beaucoup, ayant les mains liées et se trouvant dans l'impossibilité de faire tout ce qu'il voudrait, c'est donc aux particuliers, aux capitalistes aimant leur pays, désireux de voir sa richesse s'accroître au plus tôt dans la mesure du possible, c'est à ces hommes-la qu'il convient de faire appel. Par bonheur pour la France, une réaction commence à se produire en faveur des entreprises utiles ; les esprits sérieux se tournent vers le pays, consultent ses besoins et n'attendent qu'une initiative intelligente, que l'émission d'une idée heureuse et juste, pour consacrer à sa mise en pratique leurs soins et leurs capitaux. Or, les plus grands besoins sont ceux qui se font sentir dans la classe agricole; on l'a compris, et un grand mouvement se dessine aujourd'hui dans le sens de l'amélioration de la culture ; il cherche encore une direction précise, que quelqu'un l'indique et tout le monde suivra.

CHAPITRE V

D'une Société ayant pour but de favoriser le développement
des richesses agricoles de la France : *Cadre de ses opérations, utilité, avantages divers de cette institution.*

Il ne s'agit point ici d'une Société de crédit agricole ; nous avons
vu à l'œuvre, depuis trente ans, les institutions de ce genre et
nous constations tout à l'heure combien les services qu'elles
avaient rendus s'étaient trouvés au-dessous de ceux qu'on en
attendait. Nous ne voulons pas renouveler d'aussi tristes expériences ; nous ne voulons pas ajouter un insuccès à tant d'autres.
La Société que nous voulons constituer, et dont l'excellente idée
est due a M. Ligarde, ancien régisseur de vastes domaines, n'a pas
pour but de fournir des capitaux aux cultivateurs, à des conditions
plus ou moins onéreuses, mais bien de leur faciliter les travaux des
champs, de les leur rendre plus aisés et moins coûteux, et, par ce
moyen, comme le porte l'intitulé de ce chapitre, de favoriser le développement des richesses agricoles de la France.

« C'est avec les hommes, les attelages, les machines et les instruments, s'est dit M. Ligarde, qu'on défriche la terre, qu'on la cul-
tive, qu'on l'améliore ; procurons donc aux agriculteurs, et autrement que par une opération de crédit plus ou moins dissimulée,
des hommes, des attelages et des instruments. » Idée des plus
simples, et pourtant des meilleures, comme on va voir.

Cadre de ses opérations. — Notre Société, se constituant avec
un certain capital, achètera des chevaux, des machines et des

instruments agricoles de toutes sortes ; elle établira, sur différents points du territoire cultivé ou cultivable, des stations comptant un certain nombre des uns et des autres, suivant les besoins de la localité ; à la demande des cultivateurs, elle louera les uns et les autres, a tant la journée, pour les divers travaux et façons qu'exigent les terres, et, plus précisément, pour tous les emplois que nous énumérons ci-dessous :

Première catégorie : Travaux ordinaires des champs :

1° Labourage, hersage, binage, etc.;

2° Transport d'engrais, de toutes matières et matériaux ayant rapport à la culture des terres ;

3° Rentrée des récoltes de toute nature, à la journée ou à l'entreprise ;

4° Transport et location de machines à faucher, à battre (à manége ou à vapeur), etc. ;

5° Location d'ouvriers cultivateurs, à la journée, pour les travaux qui ne demandent pas d'attelage.

Deuxième catégorie : Travaux d'amélioration des propriétés :

6° Sondage et analyse des terrains, établissement des assolements au mieux des intérêts des propriétaires;

7° Défrichements, mouvements de terrain, nivellements, etc. ;

8° Assainissement : irrigations, drainage, dessèchement, etc.;

9° Chaulage, marnage et autres amendements;

10° Entreprise de toutes voies et chemins dans l'intérieur des propriétés particulières.

Troisième catégorie : Entreprises qui se rattachent aux services publics dépendant de l'État :

11° Transport de tous matériaux employés à la construction ou à l'entretien des routes et chemins et généralement à tous travaux publics;

12° Construction et cylindrage des routes nationales, départementales et communales, moyennant convention préalable avec l'administration compétente.

Pour mémoire : secours en cas d'incendie.

La Société pourrait en outre :

Sur la demande des agriculteurs et si elle le trouvait utile, tenir à leur disposition, près ses diverses stations, des dépôts d'engrais naturels de toutes sortes ;

Se rendre propriétaire, périodiquement, d'une certaine étendue de terres incultes, qu'elle achèterait à un prix très-modique et qu'elle revendrait aux cultivateurs, l'année suivante ou deux ans après, dans les meilleures conditions de culture. Comme elle, ceux-ci y trouveraient leur bénéfice, et la Société aiderait dans une large mesure a la disparition de ces 8,600,000 hectares de terres improductives qui réduisent d'un quart la richesse agricole de la France. Si ces terres nouvellement défrichées n'étaient pas immédiatement revendues, la Société aurait tout intérêt à les cultiver, en attendant, pour son propre compte, et à nourrir de leurs produits ses attelages et une partie de son personnel. Ces défrichements, ces bonifications, elle les obtiendrait pour ainsi dire gratuitement, en y occupant ses ouvriers, ses attelages et ses instruments aux époques de l'année où les cultivateurs se reposent d'ordinaire de leurs rudes labeurs. Étant donné que le manque de bras et de matériel est la grande raison qui s'oppose à la culture des terrains susceptibles de production, la Société ferait œuvre éminemment profitable a tous et hautement patriotique en prenant l'initiative d'opérations aussi importantes. Sans doute, il lui faudrait pour cela une certaine masse de capitaux disponibles. Mais où serait l'impossibilité de les réunir ? Une fois l'utilité de cette institution nouvelle bien établie et bien constatée, les capitaux viendraient s'offrir d'eux-mêmes.

Enfin, et par la suite, la Société pourrait créer des haras spécialement affectés à la remonte de ses propres attelages, qui lui reviendraient alors à bien meilleur marché ; d'autre part, elle se mettrait, par là même, en mesure de contribuer au progrès de notre industrie chevaline, qui est bien loin encore du développement auquel elle aspire et qui mérite tous les encouragements.

Une Société ayant des vues aussi larges ne saurait se priver, dans la poursuite de son but, des avantages que les progrès de la mécanique offrent aujourd'hui a toutes les industries. Se borner à l'emploi du cheval comme force motrice serait se placer en dehors du grand mouvement contemporain, négliger un des éléments de succès les plus importants, et cela sans motif valable, sans compensation aucune. De même que la Société sera conduite à préférer l'emploi des bœufs à celui des chevaux pour les façons des terres particulièrement résistantes et montueuses, de même elle aura tout intérêt, quand elle devra opérer sur de vastes surfaces planes, à remplacer les attelages par des machines à vapeur. Plus le terrain a défricher ou à labourer sera plat et étendu, plus les services rendus par une machine seront supérieurs a ceux que l'on pourrait attendre des animaux domestiques. Le labourage a vapeur est. a qualité égale de terrain, plus régulier, plus prompt et en même temps plus économique et plus aisé que le labourage ordinaire ; il exige proportionnellement un moindre personnel, il entraîne moins de frais de toutes sortes. Nous parlons, bien entendu, de la grande propriété, car, pour la petite, sauf le cas où les propriétaires ou fermiers de champs contigus s'entendraient pour les faire travailler en même temps, dans la même direction et de la même manière, l'usage du cheval est encore le plus convenable. Il appartiendra aux agents de la Société, aux chefs de station, de donner la préférence a l'un ou à l'autre genre de travail, suivant les conditions spéciales du terrain qu'on leur demandera de façonner.

C'est la un point de détail sur lequel nous appelons l'attention du lecteur.

Utilité, avantages divers de cette institution. — A toute époque de l'année, les cultivateurs auraient la faculté de requérir, auprès des stations de la Société, des hommes, attelages et instruments ; ce qui constituerait, pour les propriétaires comme pour les fermiers, une garantie certaine que leurs terres ne resteraient point incultes et ne seraient même pas retardées dans leurs façons, si, par malheur, les récoltes sur pied venaient à être détruites par les gelées, la grêle, la sécheresse ou les inondations. La Société s'engagerait même, dans ces cas spéciaux, a accorder aux cultivateurs de très-amples facilités de paiement, car elle trouverait en tous cas des garanties suffisantes, quant au remboursement de ses avances, dans l'acceptation d'une partie des récoltes prochaines. Les cultivateurs auraient tout le temps de payer les façons de leurs terres et ils auraient évité la perte d'une année de produit. On comprend qu'un système d'abonnement intelligemment établi mettrait, dans cette combinaison, les agriculteurs a l'abri de tout désastre et de toute chance de perte importante. Ce serait, si l'on veut, entrer indirectement dans la voie des assurances. Et pourquoi non, si la Société peut, de cette manière, agrandir le cercle des services qu'elle est appelée a rendre ?

Quand il y aura, dans chaque chef-lieu de canton, un nombre suffisant d'hommes, d'attelages et d'instruments pour les travaux agricoles de la localité, les cultivateurs ne seraient plus excusables de laisser en jachère 5.170,000 hectares, et ils ne les y laisseront plus ; leur attachement à la routine, quelque fort qu'il soit, ne pourra les induire a se priver, de gaîté de cœur, d'une telle source de bénéfices.

Dans la seconde catégorie des travaux que nous avons énumérés figurent, au n° 6, le sondage et l'analyse des terrains, l'établissement des assolements au mieux des intérêts des propriétaires. Afin de bien remplir cette partie importante de sa tâche, la Société aurait soin de mettre, autant que possible, à la tête de ses stations, des anciens élèves des grandes écoles d'agriculture qui dépendent du gouvernement (Grignon, Grandjouan, Montpellier) ; ce serait à la fois offrir une sérieuse garantie de savoir aux cultivateurs qui rechercheraient les conseils et la coopération de la Société et encourager efficacement les études agricoles. Trop souvent les meilleurs élèves de ces écoles demeurent, à leur sortie, sans occupation et sans emploi, dans l'impossibilité de faire profiter le pays des connaissances qu'ils ont acquises ; il y aurait pour eux, dans cette institution nouvelle, une porte toute ouverte, une voie toute tracée, un but assigné d'avance a leurs efforts et a leur ambition : double avantage, et pour eux et pour la nation.

Les mêmes observations peuvent être faites et les mêmes considérations présentées en ce qui concerne les numéros 7, 8, 9 et 10. Les cultivateurs pourront venir chercher, auprès du chef de chaque station, pour tous ces travaux dont la bonne conduite est capitale et qui décident souvent de l'avenir des récoltes, les avis d'un homme compétent, avis qui ne sauraient être trop hautement appréciés. Qui pourra jamais dire combien de millions ont été perdus et le sont encore chaque année, par suite d'une préparation défectueuse des terrains ou d'assolements inintelligents ?

Quant aux travaux relatifs aux routes, lesquels font partie de la troisième catégorie, quelques chiffres sont nécessaires pour que le lecteur puisse en comprendre toute l'utilité. Voici les données que nous fournissait la statistique au 31 décembre 1871 :

Les voies de grande communication, comprenant les 223 routes nationales et les 47,000 kilomètres de routes départementales, avaient à cette date une étendue d'environ 84,000 kilomètres, dont 1,402 en construction et 2,700 en lacune ; les chemins d'intérêt commun, ayant environ 80,000 kilomètres, en comptaient 4,700 en construction et 11,500 en lacune ; enfin, les chemins vicinaux ordinaires, offrant une longueur totale de 544,400 kilomètres, en avaient 28,000 en construction et 165,000 en lacune.

Nous l'avons dit, ces chiffres datent de 1871, et il faut admettre que, depuis lors, le nombre des kilomètres en lacune, sur les chemins de grande ou de petite communication, a dû subir deux modifications contraires : une diminution, par effet de la construction et de l'ouverture de voies nouvelles ; une augmentation, par l'adoption, dans ces six dernières années, de tracés non prévus en 1871. Mettons qu'elles se soient annulées l'une par l'autre et que le chiffre des kilomètres en lacune soit demeuré le même ; ce sont, en totalité, 179,000 kilomètres à construire.

L'aide de la Société, qui se trouvera, dans toutes les localités un peu considérables, a la tête de nombreux attelages et de tous les instruments nécessaires, conduits et employés par un personnel au courant de ces sortes de travaux comme de ceux des champs et placé, au besoin, sous la direction supérieure des ingénieurs et agents de l'État, — l'aide de la Société serait pour celui-ci, dans la construction des routes, d'une incontestable utilité. Le gouvernement se trouverait bien d'avoir recours a elle et de compléter ainsi, d'une manière indirecte, son personnel de voirie, que de tous côtés on proclame insuffisant ; d'autre part, la Société aurait là, pour ses hommes et son matériel, en temps de chômage des travaux purement agricoles, une occupation dont elle tirerait profit.

La note suivante, qui a paru, vers le milieu de juillet 1877, dans les journaux de la capitale, laisse entrevoir combien il reste à faire encore pour que notre réseau vicinal soit enfin dans des conditions à peu près satisfaisantes, et combien sont grands, à ce point de vue, les embarras de l'administration centrale :

« Le Gouvernement aurait conçu, paraît-il, des doutes sérieux sur la question de savoir s'il était possible, avec la législation actuelle, d'assurer dans l'avenir la conservation du vaste réseau vicinal construit dans ces dernières années, en exécution de la loi du 11 juillet 1868.

» Il convient, en effet, de remarquer que si la loi de 1836 sur les chemins vicinaux avait cru suffisamment pourvoir à l'entretien des chemins existant à cette époque, en rendant cet entretien obligatoire pour les communes jusqu'à concurrence de 5 centimes additionnels aux quatre contributions directes et de trois journées de prestation, elle n'avait pu prévoir l'extension considérable que prendrait la voirie vicinale, et que les ressources qu'elle avait créées, suffisantes il y a quarante ans, seraient loin de répondre aujourd'hui aux exigences de l'entretien.

» L'État, les départements et les communes se sont imposé, pour la construction du réseau vicinal, des sacrifices considérables qui, à la fin de la période fixée pour l'exécution de la loi du 11 juillet 1868, atteindront près de 5 milliards, et l'on risquerait de compromettre cet immense capital, si l'on comptait seulement sur la bonne volonté des communes pour en assurer la conservation. »

Nous n'ajouterons rien à ce tableau si peu consolant; nous nous bornerons a dire que le seul remède à une telle situation serait peut-être la prompte constitution d'une Société comme celle dont nous nous occupons.

Enfin, n'est-on pas en droit de se demander si une pareille institution ne faciliterait pas, dans une mesure inattendue, la destruction de ces insectes microscopiques dont les ravages nous coûtent, chaque année, des milliards? On ne les connaît que trop : le phylloxera, qui attaque et ruine les cépages et qui, malgré tous les efforts, a compromis, au moment où nous écrivons, l'existence de la moitié environ de nos vignobles méridionaux; le doryphora, qui infeste les champs de pommes de terre et qui, après avoir porté la dévastation dans les États-Unis d'Amérique et le Canada, est maintenant signalé à nos frontières, en Belgique et sur les bords du Rhin. Ne croit-on pas qu'une Société comme la nôtre, par là même qu'elle étendrait son action sur de vastes surfaces, dans toutes les régions de la France, qu'elle pourrait employer uniformément et simultanément les moyens de préservation indiqués par la science et l'expérience, — ne croit-on pas, disons-nous, que l'œuvre d'une telle institution serait, ici encore, non-seulement utile, mais nécessaire, indispensable? Nous ne pouvons qu'appeler, sans entrer dans les détails, l'attention des hommes compétents sur ce point de vue qui, pour être placé par nous en dernier lieu, n'est certainement pas le moins important.

Voyons donc sur quelles bases serait fondée cette Société, qui réunirait en sa faveur tant de conditions avantageuses, qui serait appelée à rendre à la fois tant de services et de si variés.

CHAPITRE VI

Projet de constitution de cette Société : *Capital et moyens d'action, recettes et dépenses annuelles, balance et répartition.*

Capital et moyens d'action. — La Société se constituerait en Société anonyme au capital de 12 millions de francs, lequel serait réuni moyennant émission de 24,000 actions de 500 francs.

Au moyen de ce capital, elle se procurerait les attelages et le matériel qui lui seraient nécessaires et consistant en :

	Francs
5,000 chevaux à 800 francs l'un, prix moyen.	4,000,000
200 locomobiles à vapeur (force moyenne de 10 chevaux), à 10.000 francs l'une.	2,000,000
100 locomotives routières de 15,000 francs l'une. . .	1,500,000
3,000 charrues à 75 francs, prix moyen	225,000
3,000 charrettes à 400 francs, »	1,200,000
2,200 tombereaux et vagonnets routiers à 400 francs, prix moyen.	880,000
Instruments aratoires spéciaux devant être mus par les locomobiles.	550,000
Matériel d'entretien pour les machines.	500,000
5,000 harnais pour charrues, charrettes, etc., à 110 francs l'un	550,000
Fonds de roulement.	595,000
Total.	12,000,000

Recettes annuelles. — Pour commencer, la Société n'établirait que 400 stations, placées dans des chefs-lieux de canton ; chaque station compterait 18 hommes et 25 chevaux, avec le matériel nécessaire ; de ces derniers :

	Francs
11 seraient destinés à travailler seuls, attelés à la charrue, à la charrette, etc., et conduits par un homme ; le prix de 1 homme, du cheval et de l'outillage pour une journée de 12 heures étant de 8 francs, soit.	88
14 seraient attelés deux a deux, conduits également par un homme, pour le travail des terres plus résistantes : le prix de la journée de chacun de ces 7 attelages, avec l'homme, étant de 15 francs, soit.	105
Total par station.	193

Pour certains travaux faits à l'entreprise, les prix ci-dessus peuvent être modifiés de la manière suivante :

	Francs
Journée de 11 chevaux travaillant seuls, homme et matériel compris, 10 francs l'un, soit.	110
Journée de 7 attelages de deux chevaux, 20 francs l'un, soit.	140
Total par station.	250

Ainsi établie la recette journalière pour une station, voyons quelle serait, approximativement, la recette annuelle, pour 400 stations.

Il convient d'abandonner tout d'abord 65 journées pleines sur les 365 dont se compose l'année, en prévision des maladies, mauvais temps, fêtes et détours imprévus ; restent :

	Francs
250 journées au taux réduit de 193 francs par station, soit, pour 400 stations.	19,300,000
50 journées au taux supérieur de 250 francs par station, soit, pour 400 stations.	5,000,000
Total des recettes annuelles.	24,300,000

Nous mentionnons pour mémoire les sources de produit suivantes, qui pourront avoir, dans la pratique, une valeur très-appréciable :

Produit de la vente des chevaux qui ne sont plus aptes à faire un bon service, ou de leur livraison à l'équarrisseur;

Fumier provenant de 5,000 chevaux.

Le lecteur remarquera que nos calculs sont basés sur cette hypothèse, que nous employons seulement des chevaux de trait, tandis que la moitié de notre force motrice est représentée par des chevaux-vapeur.

Nous n'avons pas jugé opportun d'entrer dans des détails plus précis en ce qui concerne l'évaluation approximative des recettes; mais on devine que si la pratique donne, du fait de cette substitution partielle des machines aux attelages, des résultats quelque peu différents de ceux que nous venons de trouver, cette différence ne pourra être que tout à l'avantage de la Société.

Dépenses annuelles. — En voici l'aperçu sommaire :

	Francs
Nourriture de 5,000 chevaux, à 2 francs par jour et par cheval, soit.	3,650,000
Combustible et frais divers occasionnés par les machines	3,650,000
Appointements de 600 mécaniciens et chauffeurs, a 200 francs par mois et par homme	1,440.000
Salaires de 5,000 journaliers, a 90 francs par mois et par homme. soit, par an.	5,400,000
Gages de 400 palefreniers et gardiens, a 80 francs par mois et par homme	384,000
Ferrage et tonte, à 36 francs l'an, par cheval; abonnement au vétérinaire, à 6 francs l'an, par cheval : ensemble, pour 5,000 chevaux	210,000
Entretien des harnais a 15 francs par an et par cheval.	75,000
Loyer de 400 écuries et hangars à 300 francs l'un . .	120.000

Personnel administratif: Locaux pour les chefs de station, 400 à 500 francs par an, soit.	200,000	
Appointements des chefs de station, 400 a 3,000 francs l'un.	1,200,000	2,400,000
Appointements des comptables, 400 à 2,000 l'un	800,000	
Administration centrale.	200,000	

TOTAL DES DÉPENSES ANNUELLES 17,329,000

Balance. — Les chiffres qui précèdent donnent pour résultat définitif :

	Francs
Total des recettes annuelles	24,300,000
Total des dépenses annuelles	17,329.000
Exc édant des recettes sur les dépenses.	6,971,000

Répartition. — Cet excédant se répartit de la manière suivante :

	Francs
Intérêt à 5 % sur 24,000 actions de 500 francs l'une, soit.	600,000
Dividende de 25 francs par action.	600,000
Amortissement annuel.	400,000
Fonds de réserve et de retraite	1,300,000
Imprévu	4,071,000
TOTAL comme ci-dessus.	6,971,000

CONCLUSION

Nous avons constaté d'abord que 13,800 mille hectares environ, susceptibles de production régulière, c'est-à-dire les 27 centièmes, plus du quart de la superficie totale de la France, sont abandonnés à l'inculture, soit constamment, comme pour les 8,600,000 hectares non défrichés, soit périodiquement, comme pour les 5,170,000 hectares laissés annuellement en jachère. Nous avons été amené à fixer à 11 milliards 865 millions, d'après les statistiques officielles les plus récentes, le revenu moyen que la France retire chaque année de ses produits agricoles, en laissant entrevoir la possibilité d'accroître ce revenu dans des proportions considérables. A ces données principales, nous avons joint quelques détails sur la population agricole, les divisions qu'elle comporte et dont l'examen fournit des bases d'appréciation quant a la distribution de la propriété ; enfin, sur le bétail et les instruments qui sont employés aux travaux des champs et qui constituent les principaux éléments du capital d'exploitation.

Nous avons recherché ensuite les obstacles auxquels se heurte, en France, le développement agricole et qui font que ces 13,800,000 hectares demeurent improductifs, malgré les progrès de l'agronomie moderne ; nous avons mis en relief les plus puissants de ces obstacles et nous en avons analysé la nature. Deux tiennent à des causes indépendantes, en partie, de la classe des cultivateurs : le manque de bras d'abord, ensuite le manque de capitaux, qui a pour conséquence forcée le défaut d'attelages et d'in-

struments. Deux pourraient être écartés par l'initiative des agriculteurs eux-mêmes, ce sont : les conditions défectueuses du bail à
ferme, encore en usage dans le plus grand nombre des cas, et le
morcellement excessif de la propriété, qui a bien, il est vrai, des
racines que les cultivateurs ne sauraient détruire, mais aux inconvénients duquel ils pourraient remédier par l'agglomération ou
l'association. Toutefois, comme ils ne sont pas faits a ces idées-
la, nous ne voyons rien de mieux que la formation, en dehors
d'eux, mais chez eux cependant, d'une Société qui serait en mesure de leur rendre des services analogues à ceux que leur rendrait
l'association, c'est-a-dire d'obvier aux inconvénients du morcellement, aussi bien qu'a ceux qui dérivent du manque de bras et de
capitaux.

Étant considérée comme possible la constitution d'une Société
qui se proposerait sérieusement un but si éminemment louable et
patriotique, quels avantages en résulterait-il? Quels progrès
assurerait-elle à la culture et quel accroissement de nos richesses
agricoles pourrait en être la conséquence? Enfin, à quelle augmentation du capital foncier et du revenu annuel répondrait cette
extension de la production? Telles étaient les questions qui
s'offraient naturellement a l'esprit et que nous croyons avoir
résolues avec succès.

Ce n'est pas tout. Il ne pouvait nous suffire d'avoir admis la possibilité de constituer une Société aussi utile; nous avons voulu en dé-
montrer la nécessité, nécessité résultant non-seulement du bénéfice
qui suivrait la création de cette institution nouvelle, mais encore
de l'impuissance où sont l'Etat et les établissements de crédit de
rien imaginer de préférable au projet que nous proposons.

Cette nécessité bien établie, il ne nous restait plus qu'a détermi-
ner les éléments d'une combinaison qui nous paraît si particulièrement heureuse, et c'est ce que nous avons fait dans les deux
chapitres qui précèdent, avec toute la précision et en même temps
tous les détails qui conviennent à un semblable exposé.

Comme on le voit, les diverses parties de cet écrit s'enchaînent
avec une rigueur quasi-mathématique. Nous nous sommes entouré
de nombreux renseignements qui tous ont été puisés dans les docu-
ments officiels ou dans les publications les plus autorisées; nous
n'avons pas négligé un seul de ceux qui pouvaient contribuer à l'é-

claircissement de notre pensée ; par contre, nous avons laissé de côté tous ceux qui, bien qu'intéressants à divers titres, n'avaient pas avec notre sujet un lien absolument direct. Aussi cette brochure n'est-elle pas seulement l'exposé d'un projet de Société agricole ; elle est mieux et plus que cela : elle est l'explication, le commentaire, l'illustration de ce projet ; elle est la présentation logique et le recueil des titres qui le recommandent à l'attention publique. Elle met le doigt sur les plaies de notre agriculture, les interroge, les étudie et conclut en disant : « Voilà le remède certain ; on n'en a pas trouvé, on n'en trouvera pas de plus efficace, d'aussi bien approprié à l'état présent de notre culture. »

Nous ne saurions nous flatter d'avoir fait partager à tous nos lecteurs la conviction qui nous anime ; nous nous estimerons heureux si ce projet, dont la réalisation serait une source abondante de richesses nouvelles pour notre pays, reçoit les encouragements et obtient l'appui des hommes éminents qui marchent à la tête du progrès agricole, ainsi que des capitalistes éclairés qui ne craignent pas de mettre une partie de leur fortune dans des entreprises à la fois utiles et patriotiques.

# TABLE DES MATIÈRES

PARIS — IMP MOTTEROZ, RUE DU DRAGON, 31.